谨以此书献给天下所有的动物。

——弗勒尔·多热伊

献给奥莉芙和弗朗西斯。

——让娜·德塔朗特

[法]弗勒尔·多热伊/著　[法]让娜·德塔朗特/绘　余 轶/译

动物到底傻不傻

河北科学技术出版社

·石家庄·

目录

拥有智力   2

动物学校   4

制造工具   6

动物的工具箱   8

鸟类的头脑   10

聪明的爬行动物   12

软体动物的硬核大脑   14

动物的话语   16

猴子的词汇表   18

动物的语言   20

蜜蜂之舞   22

动物的文化   24

猴子发明家   26

动物医生 28

有情感的动物 30

动物的个性 32

动物与死亡 34

太有趣了！ 36

动物的爱情 38

团结就是力量 40

乐善好施的动物 42

道德与共情 44

困境营救 46

大象的情感 48

公平至上 50

成为动物学家 52

前言

在成为作家之前，我曾是一名动物学家。动物学是研究动物行为的科学，动物学家通过观察、研究动物的行为方式及其目的。多年来，我参与了多个濒危物种保护及研究项目，蚂蚁、旱獭、乌龟、海鸟、黑猩猩、鹦鹉等，都是令我既痴迷又惊叹的研究对象。我发现，它们有许多充满智慧的行为，能够感受各种情绪，甚至还有道德意识。在这本书中，我将向你们讲述动物的趣闻轶事和有关科研发现，带你们走入鲜为人知的动物世界。

动物

到底傻不傻？

自古以来，哲学家和科学家就一直将人类与其他动物作比较，由此得出的结论基本一致：我们人类（智人）在各方面都是最优等的。比如，人类最聪明、是唯一会笑的动物、拥有语言、会使用工具、能体验快乐和悲伤等情绪、能互帮互助、会彼此关爱，以及许多其他本领。

然而，生物学清楚地表明，人类也是一种动物。和其他动物一样，我们也拥有躯体、感官和头脑。和其他动物一样，我们也过着群居生活，不断遇见问题并解决问题，体验欢乐也经历痛苦。

动物学家通过大量科学观察与实验发现，许多我们原以为是人类独有的行为，昆虫、哺乳动物、鸟类、鱼类、爬行动物等也同样拥有。当然，每种动物的行为方式不同，因为每个物种都是独特的。

动物拥有与其所属物种、身体特点及生活方式相匹配的智力。蚂蚁眼中的世界与狮子眼中的世界大不相同，猫和熊猫过着完全不同的生活，麻雀与章鱼也有不同的生存诉求。但它们都很聪明，都能以自己的方式与这个世界相处。比如，北美星鸦拥有比人类更强大的记忆力，鸽子的空间与方向辨识力远超人类，蚂蚁建造的蚁巢不但自带温度调节功能，还能抵挡海啸！在蚂蚁的建筑成果面前，人类的摩天大楼根本没什么值得骄傲的。

与很多学者长期以来所持有的观点相反，我认为人类与动物之间并没有区别，我们共同组成了一个大家庭。人类由动物演变而来，我们所拥有的一切，动物先于我们拥有，只不过是人类以自己的方式加以发展罢了。

拥有智力

什么是智力？

智力就是解决问题的能力。智力行为不同于无意识的机械行为，而是经过思考后的行动。我们触碰到发烫的电热板会立刻把手缩回来，这只是一种条件反射。条件反射行为非常有用，但并非智力使然。相反，一个孩子够不着架子上的毛绒玩具，就用扫帚把毛绒玩具扫落下来，这才是智力行为，因为孩子想出了一个解决问题的办法。

动物的记忆力

记忆力是智力的组成部分，用于储存重要信息，为日后所用。记忆力也是一项必不可少的学习能力。动物并非永远活在当下，它们同样拥有回忆，许多动物的生存甚至离不开记忆力。大象必须记住食物及水源所在的位置，才能在饥渴时回到那里；松鼠和松鸦要记住在秋季储存食物的地方，待到冬季取用；蜜蜂能精准地记住蜜源，并以舞蹈的方式告知同伴（见本书第23页）。

最强脑地图

有的动物记忆力远超人类。北美星鸦就是其中的代表。星鸦在夏季采集近10万颗白皮松松子，作为过冬的粮食储备。它把其中约100颗藏在自己舌头下的袋囊里，其余则藏入地下或树洞等5000—10000个地点，每处各藏几颗。当冬季来临，它们依然可以找到几乎所有存储的食物！与北美星鸦相比，人类简直望尘莫及。

黑猩猩的日程表

黑猩猩既能回忆过去，也会思考未来。在科特迪瓦的特尼森林里，当无花果树挂果时，一名女科研员专门观察过黑猩猩的日程安排。在这段时期，黑猩猩夜里就睡在离无花果树不远的地方。这表明它们会提前考虑第二天的早餐问题。它们在日出前起床，确保天亮时到达树上，先于松鼠、犀鸟和其他食果鸟类，成为无花果的首批享用者。这一事实证明，黑猩猩能记住过往经历，知道如果不捷足先登，就只有看着别人吃果子的份了。

动物学校

大红与蒲公英

"一年夏天，我在里昂大学做项目，专门研究阿尔卑斯旱獭。旱獭是啮齿动物。每天，我们都会抓几只旱獭，测量它们的身长、体重，采集它们的毛发，并在它们的耳朵上戴彩色标签，以便识别。我们把蒲公英放在笼子里当诱饵，等旱獭钻进来，笼门就会自动关闭。当然，这些陷阱不会对旱獭造成任何伤害，它只要在笼子里等到我们上山就行。如果我们发现关在笼子里的旱獭是先前已经被研究过的，就会立刻把它放走。一只公旱獭很快就明白了这一点。我们管它叫"大红"，因为它耳朵上的标签是红色的，而且体型硕大。每天，它都会钻进笼子里，享用那些蒲公英，然后等着我们来放走它。

如果旱獭是第一次被关进笼子，看见我们就会非常害怕，四下乱窜。而大红明白我们不会伤害它。它启用了自己的记忆力和学习能力，不费吹灰之力就能获取食物。智力的作用就在于此：让生活变得更简便！

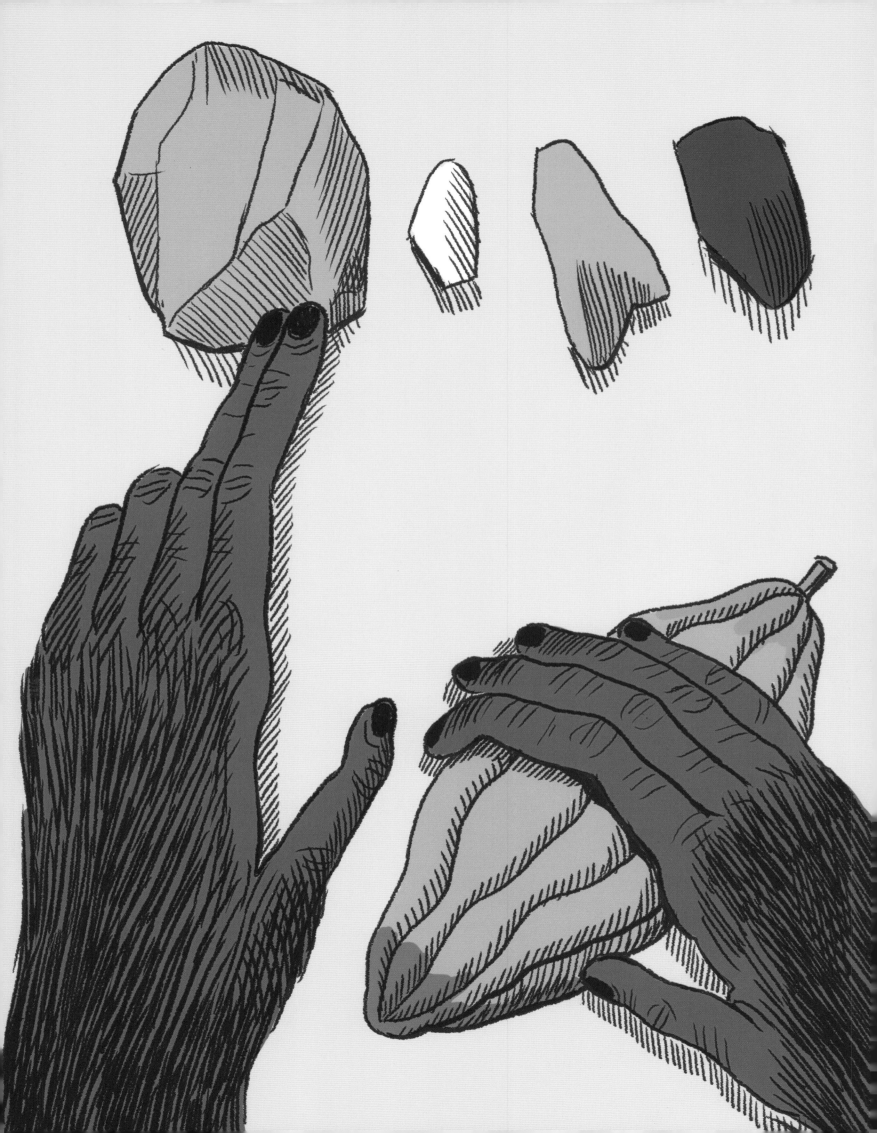

制造工具

什么是工具？

工具是指身体以外的物品，我们利用工具来完成某些事情。比如，人类用起瓶器打开瓶盖，欧歌鸫用石头敲开蜗牛壳。除了人类、猴子、大象、海豚等哺乳动物外，鸟类、鱼类甚至是昆虫，也同样会使用工具。

丛林课堂

"我曾在几内亚的黑猩猩保护中心当志愿者，专门照顾黑猩猩孤儿。它们的父母死于偷猎。我们的目标是让这些小黑猩猩有朝一日能重返自然——当然，这个目标在几年前就已经实现了。黑猩猩经常使用工具来获取较难获得的食物。有一种果实，果皮坚硬，果肉呈白色，味苦，是它们的最爱。尽管黑猩猩的牙齿很大，但光靠牙咬是无法打开果壳的。为了吃到果肉，它们必须先用石头敲击果壳，使其碎成两半。在大自然中，一般由成年猩猩给小猩猩做示范，小猩猩再花大量时间练习。在保护中心，则是由我们带领小猩猩去灌木丛，教它们怎么做。这是一项它们必须掌握的生存技能，必须在重返大自然前学会。小猩猩们会认真观看我们操作，然后再亲自尝试。刚开始，它们要不就是选的石头太小，要不就是敲击位置错误。有的小猩猩屡次失败后，气得把果实扔出老远。但它们随后会恢复平静，再次观察我们的做法，不断尝试。直到有一天，5岁的小猩猩罗基（Rocky）终于成功敲开第一颗果实！

它挑选了一块足够厚重的石头，在果壳同一个地方反复敲击。罗基享受完美食，又向下一个果壳发起进攻。我真是为它感到骄傲！

动物的工具箱

大象会把树枝做成痒痒挠，
用来驱赶象虱。

绿鹭会利用诱饵来捕鱼：它们把面包屑放在
水面上，等鱼儿前来觅食，就一口把鱼咬住。

绿隆头鱼会将蛤蜊撞击岩石,贝壳打开后食用。

有的蚂蚁发现含糖的液体后,会在糖水中混入沙子,等沙子吸收糖水后,再把这些沙子运到蚁穴里去。

红猩猩会把树叶嚼碎,再团成一团,当成海绵,用于取水喝。

海獭会把一块扁平的石头放在腹部,拿贝类往石头上敲击。

鸟类的头脑

在澳大利亚与新西兰之间的新喀里多尼亚岛上，生活着一种名为新喀鸦的乌鸦。它会制造各式工具，解决各种难题。

乌鸦的"瑞士军刀"

新喀鸦爱吃肥美的肉虫，但这些肉虫经常藏在洞里，无法直接食用。这可难不倒新喀鸦。它会找来树枝，将树枝的一端折弯，做成钩形工具。有了这个工具，它可以尽情地在洞里翻找和取食肉虫。它们还会用边缘带刺的硬树叶做成不同形状的镐。也就是说，新喀鸦可以根据不同的环境就地取材，制作相应的工具，真是不可思议！就拿我们人类来说，不同的民族，也有不同的技法和工艺。同样是面包，法国的面包和德国的面包就不一样，这就是我们所说的文化差异，在动物界也不例外（见本书第32页）。

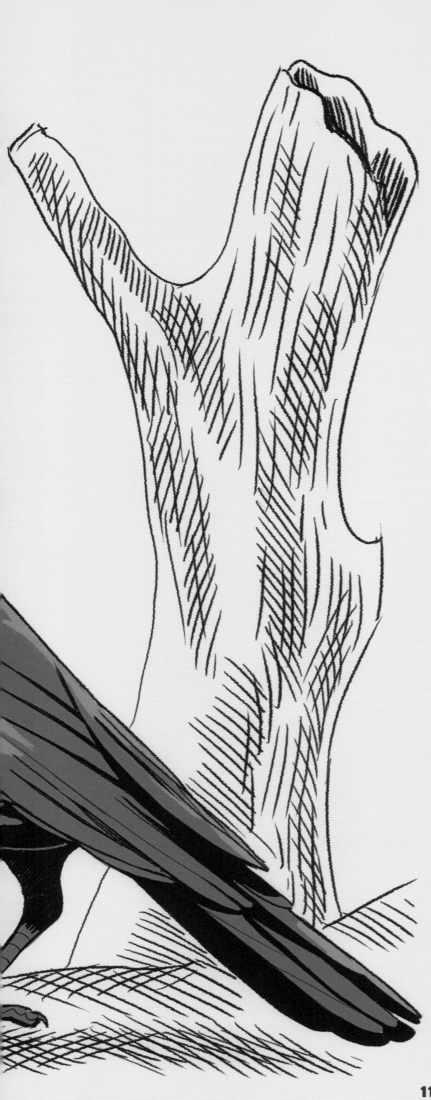

鸟类的智力题

　　动物学家通过实验测试乌鸦解决难题的能力,实验方式通常是把食物放在难以够着的地方,看乌鸦如何作为。我举例说明:

▶把食物放入狭长的容器里,乌鸦必须借用细枝才能取得食物;

▶将一根棍子用细线悬挂在天花板上;

▶准备三个木笼,每个笼子里都放入一块石头,光凭乌喙是够不着这些石头的;

▶把一根细枝放入盒子里,盒子只有在承受压力的状态下才会打开。

　　在其他实验中,乌鸦已经认识了每一样工具,但还是头一次遇到这样的难题。它会怎么做呢?只见它首先取下悬挂在细线上的棍子,用棍子把一个笼子里的石头钩出来,然后再钩第二个笼子里的石头。它把两块石头都扔到盒子上,但盒子纹丝不动。于是,它又钩出第三块石头,同样扔到盒子上——啪!盒子打开了!它取出盒子里的细枝,再用细枝钩取容器里的食物。一气呵成!

聪明的爬行动物

蛇、乌龟和蜥蜴很少被视为动物界的智多星,关于它们智商的研究更是少之又少。其实,它们同样拥有学习能力和解决问题的能力。

乌龟的记忆力

加拉帕戈斯象龟走起路来慢吞吞的,但脑子却转得特别快!研究者用棍子系一个彩球,每当加拉帕戈斯象龟咬住彩球的时候,研究者就奖励给它一块胡萝卜,其他时候就没有奖品。巨龟很快就明白了游戏规则,只要人们亮出棍子,它就会走过去咬住彩球。虽然它的动作很慢,但绝对不会出错。之后,研究者刻意停止这项训练,直到三个月后才重新开始,象龟仍然记得这项训练,马上过来咬住彩球。哪怕是9年以后,训练依然成功!此外,动物学家还发现,在群体教学时,巨龟学得比一对一教学时更快。这意味着巨龟会通过观察同伴来增强自己的认知。

蜥蜴的绝招

一名研究者想要测试蜥蜴解决问题的能力。他在一截木头上挖了两个洞,第一个洞是空的;第二个洞里装有一条肉虫,但洞口盖着一枚蓝色塑料盖。然后,他从大自然中随机捕捉了6只波多黎各变色龙。这些变色龙全都发现第一个洞是空的,于是走向蓝色塑料盖。其中两只蜥蜴尝试从上面撞击——这是它们觅食时的惯用技法。以失败告终!另外四只变色龙都找到了解决办法:有的咬住盖子的边缘移开,有的用鼻子向上顶,揭开盖子,大功告成!

接下来,研究者加大实验难度:装有肉虫的洞口依然盖着蓝色塑料盖,但空着的洞口也盖上了一个塑料盖,颜色为蓝黄相间,目的是看看蜥蜴会不会被干扰项所迷惑。实验结果是:蜥蜴知道美食就藏在蓝色塑料盖下,因此丝毫不受干扰!这些蜥蜴在大自然中从未遇到过类似问题,但它们却运用智慧适应了新情况,找到了新办法。

软体动物的硬核大脑

章鱼又名八爪鱼,是一种软体动物,但却拥有高智商的硬核大脑。

极速隐身

　　章鱼喜欢睡在礁石的缝隙里,还会在"卧室"门前砌一堆石头。一旦正式入住后,它们还会建起围墙,"把门关上",以防打扰。

　　还有的章鱼会搬来两块椰子壳,把自己藏进椰壳里,躲避捕食者。一旦发现鲨鱼,章鱼会立刻钻入椰壳中,再把两块椰壳合上。鲨鱼根本发现不了它。

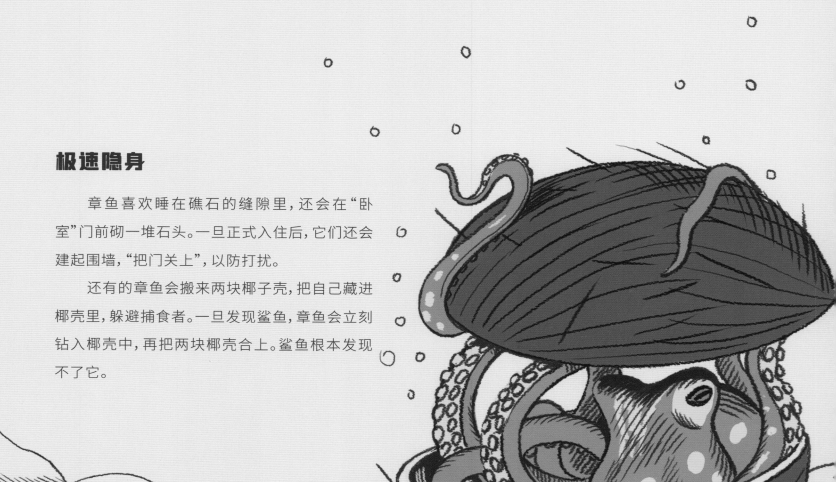

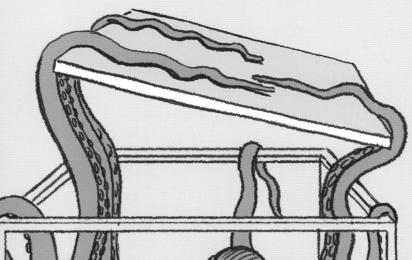

越狱大逃亡

章鱼不仅是隐身大师，还是越狱高手。2016年，一只名叫Inky的黑色章鱼从新西兰的一家水族馆中成功出逃。它应该是首先揭开水族箱的盖子，再沿着地面爬行，最后顺着一条通往大海的排水管回到大海。章鱼柔软的身体可以缩进狭小的裂缝中，它浑身上下只有嘴是硬的，里面有既不能弯曲也不能折叠的颚片。此外，章鱼的触手也非常灵活，可以拧开瓶盖。所以，不要妄想把章鱼关在瓶子里——它总有办法逃脱。

快速学习能手

章鱼会通过观察来学习新本领。科研人员曾做过这样一个实验：把两只章鱼分别装进两个水族箱，面对面摆放在一起。左边水族箱里的章鱼是新来的，我们可以叫它"小新"。人们把一个透明的瓶子放在小新身边，瓶子里有一只螃蟹。尽管瓶子有三个开口，但小新一动不动；右边水族箱里的章鱼比小新早到几天，我们可以叫它"老哥"。老哥也有一个同样装着螃蟹的瓶子，也知道如何把瓶子打开。于是，老哥打开瓶子，吃掉螃蟹。小新看到邻居的这番操作，很快也动起手来，以相同的方式打开了瓶子，也开始享用美食，大快朵颐！

动物的语言

是什么？

交流是两个或多个生命体之间的信息交换。对于人类而言，交流常常是通过语言（也就是词语和句子）实现的。我们也可以进行无声交流，比如用面部表情或肢体动作传递信息，聋哑人使用手语、父母与不会说话的新生儿交流，采用的就是这种方式。动物也会通过身体来交流信息：狼用吼叫表示态度；天堂鸟用鲜亮的羽毛来表示自己准备交配；猩猩用低垂双眼的方式向公猩猩首领表示顺从。长期以来，我们一直认为动物之间没有语言交流。现在，我们应该改变这一错误观点，因为动物的语言真实存在。

善谈的大象

  非洲象通过低吼声交流,动物学家甚至认为其中有真正意义上的词汇。例如,大象特别害怕蜜蜂,被蜜蜂蜇的感觉实在难受。因此,如果有大象听见危险的"嗡嗡"声,就会发出低吼,同时像真的被蜇到了那样晃头晃脑。其他大象听到警告,也会做出同样的动作,并以最快的速度逃开。

小心人类!

  大象会用特定的预警词语来指代人类,因为人类对它们而言是一种威胁。有些人为了获取昂贵的象牙而屠杀大象,有些人是为了获得象肉而捕杀大象,也有些人是因为象群干扰了他们的牛群而杀害大象。举个例子,如果用高音喇叭播放马萨伊牧羊人的声音,大象就会发出一种低吼声:"注意,有人!"如果是播放坎巴人的声音(坎巴人是农民,对大象不构成什么威胁),大象听到后就没那么紧张,但依然会使用预警词语。这表明大象能够区分人类的语言!

  大象还会使用很多日常用语,比如"走吧""我饿了""我很难过"等。

猴子的词汇

有人坚持认为只有人类才懂得使用话语。然而，最新研究显示，其他灵长类动物也有属于自己的话语。

猿猴的话语

坎贝尔猴生活在西非森林，它们的叫声有语言功能。如果有捕食者靠近或其他危险出现，它们会用话语向同伴发出警告。动物学家通过研究，破解了这些话语的含义。例如，如果有突发状况，猴子会大喊"克拉克欧"，表示"小心！"；但如果猴子只说"克拉克"，意思则是"小心，豹子来了！"如果看到冠鹰，它们会说"胡克"；但如果猴子说"胡克-欧"，则表示"注意上方！"当一棵树即将倒地，或者不同的猴群之间发生了争执，坎贝尔猴还会用"砰"这个词。

克拉克……

猴子学话

生活在东非大草原的长尾黑颚猴,会用专门的词汇告诫家人周围有危险,比如出现狒狒、非洲豹、蛇、陌生人类、掠食性哺乳动物、敌对的猴群等。小猴子必须慢慢学习这种语言,有时也难免出错。比如,有时它们高喊"非洲豹",但实际上不过是一只小猫从草原上经过。一般当成年猴警告大家"老鹰来了",猴群会立刻躲进灌木丛,因为老鹰是从空中发起进攻;但有时小猴子会听错,结果躲到了树上。

是朋友才说

当然,黑猩猩也有自己的语言,甚至会根据交流对象的不同,有针对性地使用语言。如果黑猩猩发现了美味的果子,恰好又是和朋友们在一起,它就会大声喊出这个果实的名字,让大家一起分享;但如果四周的猴子都不算是它的朋友,它就什么也不说,偷偷独自享用。

动物的语言

你知道吗，两个相同的物种之间，并非总说同一种语言⋯⋯

虎鲸的语言

虎鲸是海豚科中体型最大的一种。它们以家庭为单位生活，家人之间的沟通非常频繁，比如在决定去哪儿或者集体捕猎时，它们会发出咯咯声、哨声或者心跳一样有节奏的声音。生物学家通过水听器（一种水下传声器）长期研究不同虎鲸群体的语言，发现每一个虎鲸群体都有属于自己的独特方言。有时，不同的虎鲸群体之间能听懂彼此的方言，正如山东人和四川人能听懂彼此的话一样（尽管各有各的口音）；有时，不同虎鲸群体之间的方言又大相径庭，就像法语和日语的差别。这些方言代代相传，成为亲源关系的象征。

变化的歌

生活在不同地区的同一种鸟类，沟通方式也有不同。生活在布列塔尼大区的煤山雀，与生活在阿尔卑斯山的煤山雀，两者的鸣叫声就很不一样。更令人震惊的是，城市里的煤山雀，往往比乡村煤山雀叫得更尖锐、更响亮，因为城市里车来车往噪音更大。研究证明，雏鸟会跟着父母学说话，有时还会说错，发出的声音与父母的不同。而它们又会把这种发生了变化的语言教给下一代。于是，新的语言由此而生。可见，无论是人类还是动物，其语言都在不断演变。

蜜蜂的舞蹈

用舞姿说话

1940年，出生在奥地利的德国动物学家卡尔·冯·弗里希发现了蜜蜂通过舞蹈进行沟通的秘密。想象一下：一只蜜蜂发现了一片薰衣草地。回到蜂巢后，它将采集到的花蜜和花粉交给工蜂，但并不会马上离开，而是与其他工蜂分享自己的发现："我发现了一片薰衣草地，就在……"蜜蜂不会说话，但它们有自己的交流方式，那就是舞蹈。

蜜蜂的语言

经过大量研究，卡尔·冯·弗里希指出不同的蜜蜂种群使用不同的交流方式。令人惊奇的是，这个结论并未得到广泛认可，直到2020年德国科研人员在印度展开研究时，才证实了他的说法。印度有三种不同的蜜蜂，每种蜜蜂的采蜜范围都不同：亚洲蜜蜂最多离开蜂巢1公里，小蜜蜂可离开蜂巢2.5公里，大蜜蜂却可以飞出3公里。假如一只蜜蜂想要告诉同伴约1公里外有美味的花蜜，不同蜜蜂的舞蹈时间长短也会不同。对于亚洲蜜蜂而言，1公里简直等同于世界的尽头，因此它的舞蹈时间会很长。小蜜蜂的舞蹈时长较短，大蜜蜂的舞蹈时长就更短了。这一事实证明，不同的蜜蜂有着不同的"方言"。

三支舞

蜜蜂有三种舞蹈方式，可依据蜜源与蜂巢的距离来选用。

如果蜜源很近，它们会选择圆圈舞。蜜蜂转着圈圈，表示蜜源就在蜂巢附近。

如果蜜源距离蜂巢有一定距离，它们就会跳镰刀舞，舞蹈轨迹像一个沿中线延伸的长椭圆形，用于表示蜜源相对于太阳的位置。

如果蜜源离蜂巢很远，在几百米开外，蜜蜂必须尽可能地用舞蹈表达精准距离，就会跳著名的摆尾舞。蜜蜂一边摆动尾部，一边不停地画"8"字。尾巴摆动越快，蜜源就越远：换算成数学就是每跳舞0.5秒表示100米。如果舞蹈持续1秒钟，蜜源就在250米开外。蜜蜂还会以舞蹈的方式说明蜜源的质量好坏，如果舞者画了好几个"8"字，还不停震动足肢，就是在说："走吧，真的很值得一去！"

动物的文化

是什么？

文化是一群人或一群动物所共同拥有的传统。比如，亚洲人多用筷子吃饭，欧洲人爱用刀叉，而非洲人用勺子或者用右手抓饭吃，这些都是文化行为。

动物也有不同的习俗，并且代代相传。我们发现，生活在非洲的黑猩猩有39种不同的传统，涉及工具制造、药材使用等诸多方面。黑猩猩有的习惯用石头敲坚果，有的爱用细树枝钓白蚁，有的会把猴子当食物，还有的以上行为统统都不做。研究发现，许多动物都有文化行为，哪怕是昆虫！

山雀的创举

　　20世纪20年代，英国的生物学家首次提出动物的文化行为问题。他们发现在蓝山雀、黑山雀和煤山雀群中产生了一种新行为：当时，英国送奶工会把装牛奶的玻璃瓶放在顾客家门口。玻璃瓶盖有金属的也有纸质的。某一天，一群山雀飞来，用嘴啄穿瓶盖，偷吃瓶盖上的奶油。一开始，只有山雀会这样做，但很快，另外11种鸟类也跟风学样。这种做法甚至传到了苏格兰和爱尔兰的鸟群中！看来，这牛奶瓶的出现，在鸟类中引发了一种新的行为习惯的传播，传播之广可以远隔万水千山。传播之久可以在鸟类中代代流传。

猴子发明家

有的猴子极富创造力。当它们发现能改善日常生活的创意时，就会把这项发明与族群分享，并传给后代。

伊莫和土豆

20世纪50年代，动物学家对一群生活在日本幸岛的猕猴展开研究。他们在海滩上给猴子投喂红薯。

一天，一只名叫伊莫的母猴突然有了一个好主意：她不想再吃有沙子的红薯了，于是把红薯放入海水中，洗一洗再吃。这样不但能去除红薯上的沙粒，吃起来也多了一丝咸味儿。其他母猴纷纷效仿伊莫的做法，并把这项技术告诉自己的孩子们。渐渐地，猴群中所有的猴子都开始用海水清洗红薯，只有一些保守的、年老的公猴除外——它们不想改变原有饮食习惯，继续满足于吃沾着沙子的红薯。

现在，伊莫早已过世，但它的发明成为一项传统，在幸岛的猴群中继续保留。对了，它们后来又有了一项天才发明！研究员有时会给它们投喂麦粒，但这些麦粒很难从沙子中拾取出来。它们想到什么办法呢？它们会抓起一把夹杂着麦粒的沙子，投向海水。于是，麦粒全都浮在水面上，只待收捡。

猴子的牙线

生活在泰国某个寺庙里的一群食蟹猕猴，凭借想象力创造发明：它们经常从游客的头上扯下几根头发，然后坐在角落里，用这些战利品剔牙。它们把头发丝当作牙线，在齿缝间来回拉扯，清理齿缝里的残渣。小猴子会认真观察母猴的操作，母猴则会耐心地言传身教。通常当母猴独处时，清理牙齿的速度非常快；但如果身边有小猴子，母猴使用"牙线"时就会放慢并夸大动作，好让小猴看个明白。

动物医生

有些动物知道如何给自己疗伤治病。当它们生病时，会依据不同病情，采集不同植物，作为"药草"。年幼的动物通过观察年长动物的做法，学习这些"医疗技术"，就像学习制作工具一样。

猴子医生

生活在亚洲的长臂猿会用草药治疗腹痛。它们采摘一种长有绒毛的树叶，囫囵吞入腹中。叶片上的绒毛会清理消化道中的"非法闯入者"——寄生虫。

白头卷尾猴会使用热带胡椒和柑橘类植物预防昆虫及真菌感染。它们把这些植物的叶片在手掌中研磨，加入口水，再涂抹全身。有时，它们还会用蜈蚣摩擦身体，因为蜈蚣的毒液有驱虫除虱的功效。

熊的特效药

灰熊利用川芎来驱虫和缓解蚊虫叮咬造成的痛痒。它们把川芎的根茎咀嚼成糊状，然后在这些糊状物里打滚，浸润皮毛。冬眠结束之后，它们还会啃食树根，清理肠道。

防虱蚂蚁浴

许多鸟类会洗蚂蚁浴：蓝松鸦会抓一只蚂蚁，放入自己的羽毛丛里；乌鸦干脆懒洋洋的躺在蚁巢里，让蚂蚁在它的羽毛间爬来爬去。鸟类为什么要这样做呢？因为当蚂蚁受到侵扰时，会释放出一种甲酸，这是一种很好的杀虫剂。鸟类正是利用这一点来祛虱除身上的蜱。

泥土疗法

金刚鹦鹉有时会吞下泥土，作为助消化的肠胃药。此外，泥土中含有金刚鹦鹉日常摄食中所缺少的矿物盐，这也可能是它们吃土的原因之一。

树脂抗生素

蚂蚁不仅是其他动物的"良药"，它们也会为自己用药，比如利用云杉针叶保护蚁巢不受微生物侵扰。生活在山区的林蚁用云杉针叶筑起形如土丘的大蚁巢，还会把云杉树脂堆放在蚁巢上方及内部。最大的蚁巢可含20千克树脂！蚁学家发现，这种做法有利于减少真菌及细菌对蚁群的侵扰。

动物的情绪

是什么？

我们为什么会有感觉和情绪?首先是为了生存!

冷热属于感觉,悲喜属于情绪。有了感觉和情绪,我们才能趋利避害,维持生命。例如,如果动物对美食不感兴趣,就不可能活得长久。

我们不但能感受到悲喜,还能体验惊讶、气愤、羞愧等各种情绪。羚羊见了狮子就害怕,于是会逃跑;猴子看见一棵结满果子的树,会开心地流口水,才不至于饿肚子;狼会因为领地受到侵犯而愤怒,进而为保护自己的生存权利而战斗。显然,动物也有感觉和情绪,这是它们生存的必要条件。

对蛇的恐惧

有一天,我们正在给笼子里的小猩猩喂早餐,一条长长的蛇从旁边的树上爬了下来。小猩猩很快就发现了这一情况,吓得大喊大叫。蛇沿着地面,朝猩猩的笼子爬去!它沿着笼子往上爬,把小猩猩吓得屁滚尿流。饲养员立刻介入,蛇最终被赶走,消失在森林里。

等到小猩猩们恢复镇定,我们照常打开笼门,带它们去丛林散步。然而,在整个散步过程中,小猩猩只要看到地面上有弯曲的树根或树枝,就会惊叫着躲进我们怀里。它们对蛇的恐惧感依然存在,所以看什么都像蛇。这一事例证明,猩猩和人类一样,天生就怕蛇;同时还证明,猩猩对过往有记忆,这才会在接下来的几个小时内,都惧怕像蛇的东西。

动物有个性

黑猩猩的个性

" 我们常常以为，同一物种的动物彼此相似。实际上，动物也和人类一样，不同个体有着不同的个性。它们有的胆小，有的冒失；有的温和，有的暴躁。黑猩猩保护中心的每只黑猩猩都有自己的个性，我们也会依据它们的个性行事。其中，纳努就是一只不太让人省心的处于青春期的母猩猩。比如，我们每天都会把牛奶装在金属碗里，给每只小猩猩发一碗。其他小猩猩都会小心翼翼地接过牛奶，一滴不洒地喝完；纳努却不一样，它有时会乖乖喝奶，有时会趁我们端着牛奶走近时，故意抓住我们的手臂，让牛奶全洒在地上——它宁愿不喝牛奶也要捣乱！

小猩猩西塔非常温柔，它从不咬人，也从不拉扯我们的衣服，而且很容易受到惊吓；罗基很狡猾，总是带头捣乱，扯伙伴的耳朵；宁巴年龄最小，是个小贪吃，还喜欢让人抱着它走，真是个小懒虫！莫卡常常钻进我们怀里索要拥抱，得到安抚后才去和其他伙伴玩；阿维雷好奇心强，它留意到饲养员用钥匙开笼门上的锁，于是也捡一根树枝尝试开锁！

甲虫的个性

所有动物都有个性，昆虫也不例外。它们有的胆大，有的胆小；有的好奇心强，有的安静保守。科学家曾经做过一个关于甲虫好奇心的实验：他们从森林里捉来几只甲虫，放进圆形的盒子里，并将盒子划分成不同区域。有的甲虫立刻就跑遍了盒子里所有的区域，有的甲虫在原地一动不动。为了确认甲虫的不同表现与性格有关，研究者特意在五天后，用同一批甲虫把实验重新做了一遍，实验结果与上次一样：那些爱冒险的家伙依然到处跑，而安静的甲虫依然躲在角落里。

驯鹿的个性

但是二十多年以来，生活在加拿大班夫镇的驯鹿仍然习惯去城里觅食，尽管城里住着爱吃鹿肉的人类。研究者发现，有的驯鹿胆子很大，敢靠近人类；有的驯鹿胆子小，只远远地站着。科学家故意把一些驯鹿从未见过的物品放在它们周围，比如自行车、楼梯，以测试驯鹿面对新事物时的反应。那些胆大的驯鹿很快就走到这些物件旁边，又看又嗅；而那些胆小的驯鹿则会远远观望。生物学家还发现，胆大的驯鹿往往能带动那些胆小者，鹿群中只要有几只带头去城里，其他驯鹿自然会跟上。

动物与死亡

既然动物也能感受快乐与悲伤,那它们是否有更深层次的情感体验呢?

服丧的动物

服丧是一种特殊的行为。个体通过服丧,慢慢接受失去至亲的事实。当动物的伴侣、父母或朋友去世时,它们也会有类似服丧的行为。在这段时间内,它们的食量显著下降甚至停止进食,睡眠减少,表现得躁动不安。有的动物会陪伴在死者身边,照顾并尝试唤醒它,或者上哪儿都带着它。

猴子妈妈和猩猩妈妈如果痛失爱子,会把孩子的尸体保留好几天甚至好几周。虎鲸和其他海豚也会长时间把死去的宝宝带在身边。有时,一整群动物都会停下来,等待那位带着孩子尸体行动的母亲。

鸟类往往有非常亲密的伴侣关系。当伴侣一方去世时,另一方会陷入深深的悲痛与不安。乌鸦、喜鹊、松鸦等都是如此。它们会摇晃死去的伴侣,长时间厉声鸣叫,甚至会用草把对方掩埋起来。但它们最终都会放手,重新飞向天空。

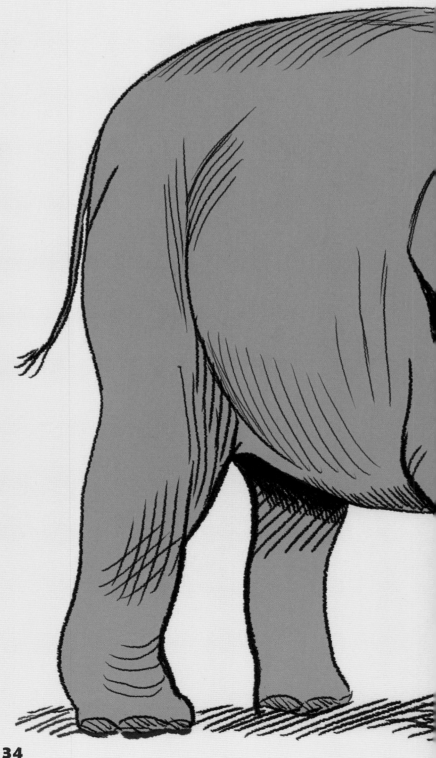

守灵的动物

　　非洲象以母系家庭过群体生活，一头年长的母象是大家庭的首领。当这头母象过世时，它的姐妹和后代会来探望逝者，这种行为会持续很长一段时间。它们用鼻子触碰逝者，试图让它活过来。来自其他家族的大象，但凡是认识这头老母象的，也会围在尸体周围。哪怕在多年以后，这头老母象只剩下一堆尸骨时，依然会有大象过来探望，不时闻一闻、碰一碰。

　　一名研究者还发现，象群有类似举办葬礼的行为：几只大象在一具母象尸体旁边挖地洞，用象鼻往尸体上盖土。这时，一架飞机从天空飞过，象群受到惊吓，四散逃走。如果没有这场意外的话，它们可能会把整个尸体掩埋起来。

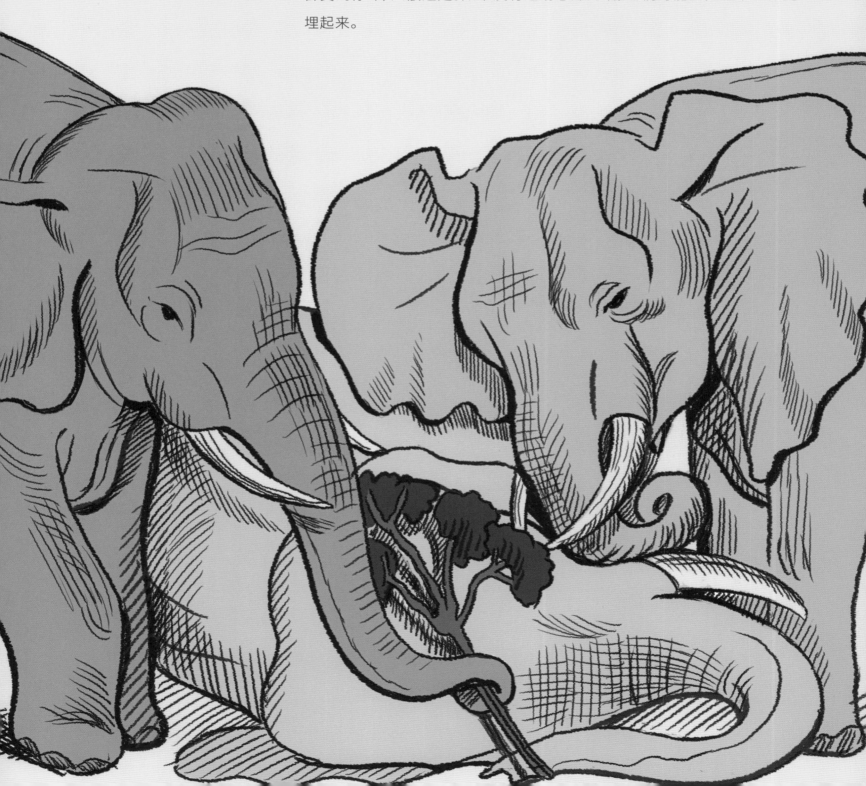

哈哈哈，真好玩！

黑猩猩的个性

" 文艺复兴时期的法国作家弗朗索瓦·拉伯雷曾称："笑是人类的本质。"那是因为他没有见过黑猩猩！当我们带小猩猩去林中散步时，它们彼此之间以及与我们人类之间经常玩闹、互相挠痒痒。跟人类一样，黑猩猩被挠痒痒时也会缩起身子大笑。只不过，黑猩猩笑起来声音不如人类的笑声那样响亮，它们会张大嘴巴，下唇发出"哈哈哈"的声音。它们的笑声富有感染力，把我们也逗笑了！

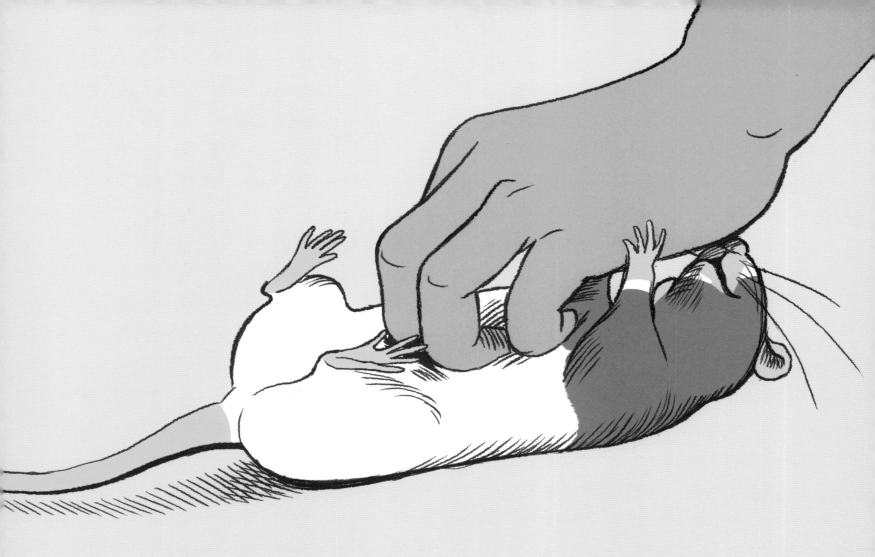

爱笑的动物

红猩猩、大猩猩、倭黑猩猩也会笑，但会笑的动物不只有猩猩。研究者在老鼠肚皮上挠痒痒时发现，老鼠也喜欢被挠痒痒，还会发出超声波笑声（这种声音非常尖锐，人耳无法听到）。

人们发现，海豚在玩闹时也会发出一些独特的声音。但如果它们是真的在打斗，则不会发出这种声音。这会不会也是一种笑声呢？极有可能是的！这些笑声意味着当下的氛围很愉快。人类不也会用笑声来缓解敌意吗？

狗也是一种会笑的动物。它们欢笑的时候，会吐出舌头，发出"哈哈哈"的声音，与黑猩猩的笑声类似。如果把一只狗的笑声放给其他狗听，它们就会摆出游戏的姿态，摇着尾巴，准备度过一段愉快的时光。

动物们也有幽默细胞。如果人类给红猩猩变戏法，红猩猩会笑得"猩"仰马翻。看来它很喜欢这种惊喜！

动物的爱

爱是什么？

动物能感受到爱吗？我想答案是：能。当然，它们的爱与人类的爱不同，那是鲸鱼的爱、鹦鹉的爱、河狸的爱……我们永远也无法完全明白这种爱是什么，就像我们每一个人对爱的体验都不尽相同。

爱使得不同个体之间建立连结，将它们维系在一起。当母亲产下婴儿，母亲体内就会分泌一些激素，让她对婴儿产生依恋。这种情感让母亲担心孩子的安危冷暖，爱意由此而生。爱维系着种族的生存繁衍，如同欢乐与悲伤，是动物生命中理所当然的组成部分。

终身相爱

 在哥斯达黎加，我曾持续观察过几只绯红金刚鹦鹉，从它们在鸟笼里出生起，一直到它们重返自然。其中，有一对鹦鹉"夫妻"，我管它们叫"辛迪"和"小伙子"。它们在一起10年了，曾共度笼中时光和自由生活。每天，我们会在固定的钟点为鹦鹉投食，以便近距离观察它们，确保它们的健康。辛迪和小伙子几乎每次投食时都会出现。当辛迪与其他鹦鹉发生争执，小伙子总会为爱人挺身而出；享用完美食后，它们就停在一根树枝上，为彼此整理卫生。小伙子用鸟喙给辛迪梳理羽毛，辛迪则闭着眼睛，悠闲享受。那一年，它们和其他野生鹦鹉一样，生了宝宝，升级为父母。它们是一对如胶似漆的"模范夫妻"。

多年以后，我已经离开哥斯达黎加，却得知这一对"模范夫妻"分手了！所有人都感到很震惊，大家都以为它们会白头偕老，但事实却并非如此。和人类的爱一样，鹦鹉的爱也有潮涨潮落。

团结就是力量

动物也会合作？

合作是一种互帮互助、共同达成目标的能力。"强者法则"并非大自然的唯一法则，最新研究表明，在自然界中，"合作"比"竞争"更常见。

你能帮我一把吗？

"拉绳游戏"是一种测试合作度的极佳方式。动物学家把两块食物放在一个滑板上，又用绳索套住滑板。两只动物只有一起拉绳时，才能吃到滑板上的食物；如果只有一只动物拉绳，绳子就会从滑板上脱落，而滑板纹丝不动。实验成功的前提是：一只动物必须明白，另一只动物有与它相同的能力和诉求。

习惯群体作战的狼，很快就明白了实验原理。如果有一只狼首先来到实验地点，它甚至还能耐心等待第二只狼的到来，两只狼一起拉动绳索，共享美食。

乌鸦参与这项实验时，一开始是单干，每只乌鸦都试图在速度上超过对方。但无论是谁先下手，绳子都会滑落，谁都吃不到美食。于是，它们很快就明白，只有联手才能获得美食！

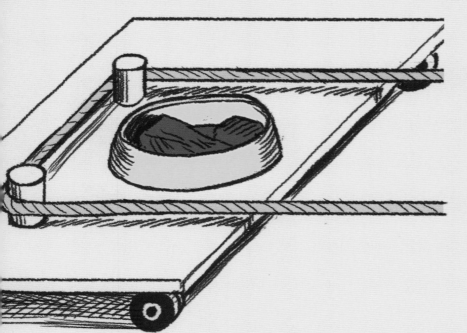

围猎组合

　　不同物种的动物之中也有互助行为。石斑鱼和海鳝就是一对合作者。石斑鱼是一种热带鱼，捕捉猎物时动作迅猛；海鳝的速度不及石斑鱼，但身体像蛇一样柔软灵活，可以轻松钻入珊瑚礁的缝隙中。如果石斑鱼在石缝中发现猎物，就会游到海鳝跟前，左右摆头，像是在说："快来，我发现猎物了！"海鳝便跟随石斑鱼前往。来到石缝前，石斑鱼会再次摆动头部，用嘴触碰岩石："就是这里！"于是，海鳝负责游进缝隙，把猎物驱赶出来。不过，石斑鱼和海鳝从不分享猎物，要不归石斑鱼吃，要不归海鳝吃。研究人员发现，石斑鱼和海鳝的合作围捕成功率高于它们单打独斗时，因此两者乐见其成。

助人为乐

是什么？

助人为乐是指帮助别人却不求回报。比如，把自己的蛋糕分一半给没有蛋糕的小伙伴吃，这就是助人为乐之举。

帮上一把

动物学家用一系列"拉绳游戏"来测试绒耳狨、松鼠猴是否能不求回报地帮助同伴。实验过程是：必须一只动物拉动板子，旁边的另一只动物才能吃到食物。

绒耳狨果然在游戏中会帮对方拉板子，看着另一只绒耳狨品尝鲜美的肉虫，自己却什么也没有吃到。

松鼠猴的表现则不太一样。为首的公松鼠猴先是赶走了其他同伴，自己去抓虫子。它当然抓不到，因为只要它松开手去够食物，板子就会立刻弹出可触范围，结果是谁都没的吃。

研究员把肉虫换成糖果，在人类小孩中也做了同样的实验。孩子们的表现和绒耳绒一样。虽然看着小伙伴吃糖而自己吞口水，尽管小朋友的表情显得并不愉快，但是依然会出于善心帮助小伙伴。

道德感与同情心

是什么？

同情心是理解他人情绪的能力。比如说，当有人哭泣时，我们也会变得悲伤，这就是同情心使然。道德感是辨别善恶的能力。有道德感的人，会选择行善而不是作恶。

玛玛与注射器

让我们回到几内亚黑猩猩自然保护中心。成年黑猩猩生活在森林中的一片大围场中，每天都会去一个笼子里找吃的。这天，我要去给一只名叫玛玛的母猩猩喂药。我得把药丸敲碎，融入橙汁中，再用一个注射器（当然是没有针头的）灌入它嘴里。我就在隔着笼子的栅栏条给玛玛喂药的时候，另一只黑猩猩突然跑来，抢走了我手中的注射器。好戏开场了！黑猩猩们把这只注射器传来传去，我只有在一边干着急的份儿："阿尔方斯！把注射器还给我！""罗贝尔，别闹！"黑猩猩其实完全能听懂我的话，但它们就是不想把注射器还给我。

就这样持续几分钟，玛玛终于抢到了注射器。它走向我，把注射器递过来，同时一脸歉意地看着我，那表情像是在为同类的行为表示抱歉。这让我感到非常震惊！玛玛看到这场玩笑的发生，知道我不高兴，于是向我伸出援手。玛玛能这么做，首先得明白我需要什么；更重要的是，它能理解我受到了打扰，体会到我的心急和生气。它似乎是站在我的角度考虑问题。我永远忘不了玛玛的这个举动。在那之后，我们的很多研究反复证明了动物的确有道德感和同情心。

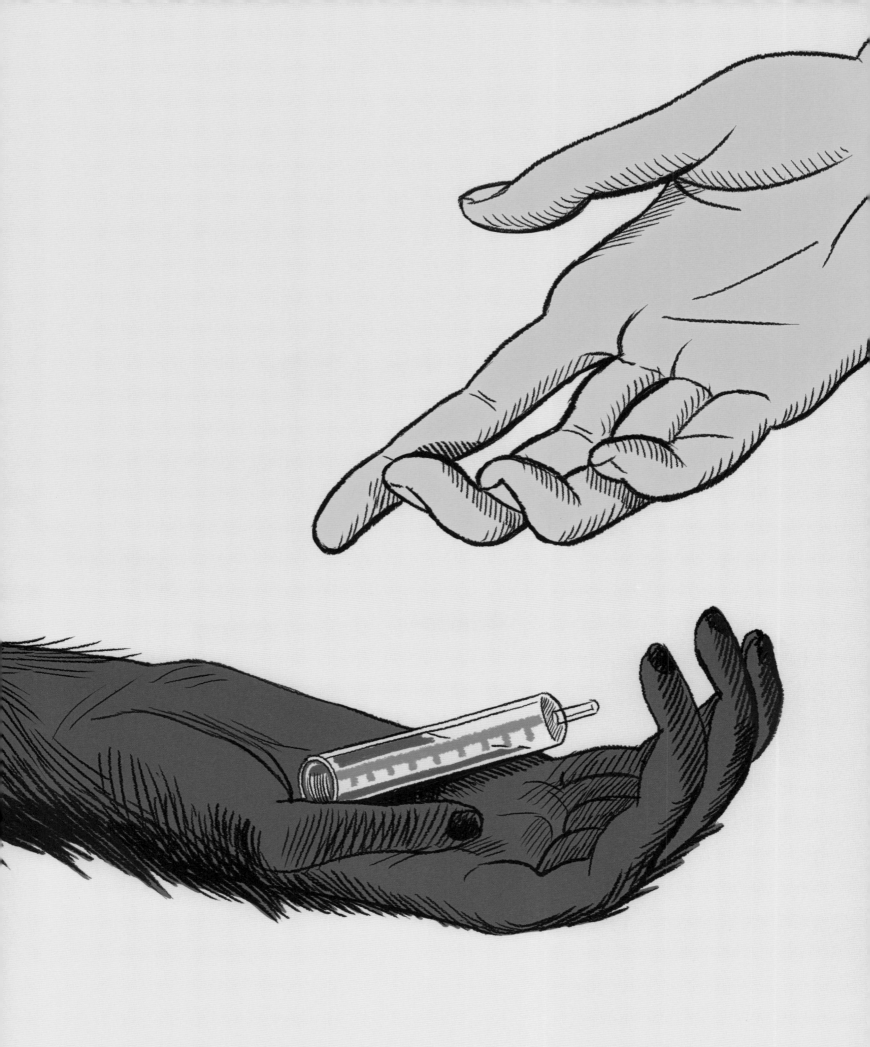

动物的紧急救援

在向别人伸出援手之前，首先得弄明白别人是否需要援助。
动物是怎样做到这一点的呢？

蚂蚁救生员

在法国东南部干燥而多沙的地区，生活着一种名叫"疾行箭蚁"（Cataglyphis Cursor）的蚂蚁。它们能营救遇到险情的同类。一项科学实验证明了这一点：研究员捉来一只工蚁，用细线套住它的胸节，然后往它身上铺一层沙子。这样，就算有其他蚂蚁经过，也看不见它。但是，尽管如此，从它身边经过的蚂蚁，依然会立刻开始挖掘沙子，试图救出埋在沙子底下的同伴，甚至还有同伴试图咬断它身上的细线！疾行箭蚁是如何收到同伴的呼救信号呢？原来，处于压力之下的蚂蚁会散发出一种特殊的气息，如同向伙伴们喊"救命"！我们很难判断蚂蚁营救伙伴是否出于同情，因为它们几乎是一闻到这种气息，就开始本能地行动。但这个实验至少证明，昆虫也有援救他人的行为。

母鸡护子

母鸡常常被视作蠢笨的动物，可实际上它们并不是。它们对小鸡关怀备至。科研人员做过这样一个实验：他们首先拿吹风机朝着母鸡吹风，母鸡发现这种"呼啦啦"的感觉很不好受。接下来，科研人员又朝鸡宝宝们吹风。当母鸡看到这一幕时，心跳明显加速，比平时更频繁地呼唤鸡宝宝们。母鸡甚至不等小鸡发出求助信号，就已经开始采取行动了。相反，如果研究人员是先朝小鸡的旁边吹风，母鸡就不会有任何反应。这说明母鸡具有同理心，知道使它感到难受的事情同样会让小鸡感到难受，并因此而着急。

大象的同情心

在非洲大象的日常生活中，彼此照顾是非常普遍的事情。

象与人

大象甚至会向人类伸出援手。在肯尼亚，一名牧羊人不小心惊动了一头大象，因此遭到大象的攻击，断了一条腿。后来，大象看到牧羊人无法行走，就用象鼻轻轻地扶着牧羊人把他带到阴凉处，并整夜守护着他，时不时用鼻子碰碰他。第二天，大象依然守护着受伤的牧羊人。直到牧羊人的亲友寻了过来，牧羊人立刻大喊："不要开枪！"并把大象保护他的事情告诉了大家。

亲情救援

小象不仅会得到妈妈的照顾，还会得到姨妈们的关照。一名长期观察象群活动的研究人员发现，有一天，一只小象掉进了大水坑里，由于水坑四壁陡峭，它无法自行爬出来，面临溺亡的危险。幸好小象的母亲和姨妈及时赶到，用象鼻和象腿挖出一道斜坡，小象这才爬上岸来。这场亲情救援是智慧与同情心的证明：象妈妈和象姨妈必首先须意识到小象遇险，分析问题的症结所在，再决定如何共同营救小象。

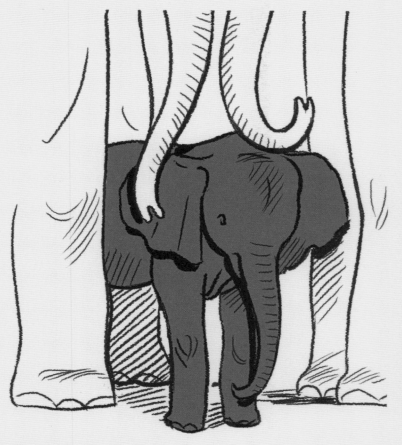

母爱的力量

　　亚洲象也有营救孩子的壮举。在缅甸，一名热衷于研究大象的士兵亲眼看见一头母象和它的孩子同时掉进湍急的河水中。象妈妈立刻采取措施，用长长的象鼻卷起小象，把它举出水面，推到岸边。象宝宝得救了，象妈妈却累得精疲力竭，被水流带走。半个小时后，小象依然留在原地，浑身颤抖，惊慌无措。此时，象妈妈终于呼喊着朝它奔来！

大象护理员

　　成年象之间也会彼此帮助。有一天，在肯尼亚的安博赛利国家公园，生物学家发现一头受伤的大象，它的背上插着一支长矛。于是，他们立刻去找兽医为大象疗伤。可是，当他们带着兽医赶回来时，发现已经有两头大象守候在"伤员"身边，原本插入象背上的那根长矛也消失不见了。大概是被这两头大象"护理员"拔掉了。为了继续救治受伤的大象，兽医朝受伤的大象发射了一枚含有药物的飞镖，转眼也被这两位"护理员"拔了出来。

49

公平至上

动物的公平意识

如果家里有两个孩子，大人给每个孩子两块饼干，这对孩子们而言是公平的；如果给其中一个孩子一块饼干，给另一个孩子三块饼干，这就是不公平的。只得到一块饼干的孩子会继续索要，直到拿到数量相同的饼干为止。

动物是不是也一样呢？请听动物学家的解答。

讲究公平的卷尾猴

在南美洲，生活着一种棕色的卷尾猴，它们因会用石头敲碎坚果而闻名。不仅如此，有研究显示，它们还知道判断事情是否公平公正，遇到不公待遇时会提出抗议。研究员把两只卷尾猴关进同一个笼子，再用隔栏把它们分开。研究员给每只卷尾猴发了两块石头，并训练卷尾猴把石头递给研究员。如果卷尾猴照办，研究员就会奖励黄瓜（一块石头换一片黄瓜）。一开始，这项交易进行得很顺利；不过，研究员突然改变奖品，给一只卷尾猴奖励葡萄，另一只卷尾猴收到的依然是黄瓜！收到黄瓜的卷尾猴立刻表示不满，在笼子里又抓又挠，拒绝继续交易，还把石头扔出笼外！它显然非常生气，因为它提供了与同伴一样的劳动，却没有得到一样的回报。甜甜的葡萄比黄瓜片好吃多了，它也想要葡萄！最后，这只卷尾猴把黄瓜片也扔到了地上，拒绝食用——人类做得太过分了！

伸爪有奖

狗同样具有公正感。在一项试验中，研究员训练两只狗伸出自己的爪子。一开始，它们做得很好；接下来，实验员继续让两只狗伸出爪子，还增设了奖品，但只奖给其中的一只狗，另外一只狗什么也得不到。结果呢？那只什么也得不到的狗拒绝继续伸出爪子。

会分享的老鼠

老鼠也有同情心与公正感。研究人员将两只老鼠关在同一个笼子里，其中一只老鼠可以在笼中自由行动，另一只老鼠却被关在笼中的一个小方格里。小方格上有一扇门，门从里面打不开，但另一只老鼠可以从外面把门打开。研究人员又在笼子的另一个小方格里放了一块巧克力——这是老鼠最爱的美食之一。出乎意料的是，那只可以自由行动的老鼠并没有马上去开装有巧克力的小方格的门独享美食，而是先去将被困的同伴解放出来，与同伴共同分享食物。

如何成为动物学家

想要成为动物学家，首先要喜爱动物，对动物世界充满好奇。大学有心理学和生物学两个方向，我当时选择了心理学方向，专研动物心理学。虽然听老师讲课很重要，但却不是唯一的学习途径。做志愿者、参与实习、阅读专业书籍、与动物专家交流等，都是必不可少并且充满乐趣的学习方式，能让你拥有多种职业体验。

在我的学习与从业过程中，曾多次在动物园、野生动物保护中心、自然森林公园等机构做志愿者。不同的经历让我的个人经历越来越丰富，对动物的了解也越来越深刻，为我日后写作有关动物的文章和书籍打下了基础。

如果你也想成为动物学家，难免会听到这样的话："学动物学，将来很难就业！"你想听听我的意见吗？那就是：千万不要轻信这些话！曾经也有人这样对我说过，但是，每当我看到有那么多人在研究动物，开各种会议、与动物共处，我就会想：既然他们能做到，我也一样可以！

为了梦想，我们要敢于尝试。就算过程不是你想象的那样就算梦想没能实现，至少我们能从中学到很多东西，未来仍有无限可能。我也一直在不断尝试、体验，犯错、改变。

另外，请记住，学习动物学并不是只能当研究员，而是有多种就业选择。以我为例：我现在已经是一名记者兼作家了。

欢迎来接力！

First published in France under the title: Dans la tête des animaux

Fleur Daugey, Jeanne Detallante © 2021, La Martinière Jeunesse, une marque des Editions de La Martinière, 57 rue Gaston Tessier, 75019 Paris

Chinese (Simplified Characters) Translation rights arranged through Wu Juan of Wubenshu Children's Books Agency

Simplified Chinese Copyright © 2023 by KIDSFUN INTERNATIONAL CO., LTD

版权登记号：03-2023-112

图书在版编目（ＣＩＰ）数据

动物到底傻不傻 / （法）弗勒尔·多热伊著 ；（法）
让娜·德塔朗特绘 ；余铁译 . — 石家庄 ：河北科学技
术出版社，2024.2
　　ISBN 978-7-5717-1878-7

Ⅰ．①动… Ⅱ．①弗… ②让… ③余… Ⅲ．①动物—
儿童读物 Ⅳ．①Q49-95

中国国家版本馆CIP数据核字（2024）第039174号

动物到底傻不傻
DONGWU DAODI SHABUSHA

[法] 弗勒尔·多热伊/著　[法] 让娜·德塔朗特/绘　余 铁/译

选题策划：	小萌童书/瓜豆星球	印　　刷：	河北尚唐印刷包装有限公司
责任编辑：	李　虎	开　　本：	787mm×1092mm　1/8
责任校对：	徐艳硕	印　　张：	8
美术编辑：	张　帆　李慧妹	字　　数：	65千字
出　　版：	河北科学技术出版社	版　　次：	2024年2月第1版
地　　址：	石家庄市友谊北大街330号	印　　次：	2024年2月第1次印刷
	（邮编：050061）	书　　号：	978-7-5717-1878-7
经　　销：	全国新华书店	定　　价：	78.00元